問題天天多
系列

為什麼我要吃得健康？

凱·巴納姆 著　　帕特里克·科里根 繪

新雅文化事業有限公司
www.sunya.com.hk

問題天天多系列
為什麼我要吃得健康？
作　　者：凱・巴納姆 (Kay Barnham)
繪　　圖：帕特里克・科里根 (Patrick Corrigan)
翻　　譯：張碧嘉
責任編輯：楊明慧
美術設計：蔡學彰
出　　版：新雅文化事業有限公司
香港英皇道499號北角工業大廈18樓
電話：(852) 2138 7998
傳真：(852) 2597 4003
網址：http://www.sunya.com.hk
電郵：marketing@sunya.com.hk
發　　行：香港聯合書刊物流有限公司
香港荃灣德士古道220-248號荃灣工業中心16樓
電話：(852) 2150 2100
傳真：(852) 2407 3062
電郵：info@suplogistics.com.hk
印　　刷：中華商務彩色印刷有限公司
香港新界大埔汀麗路36號
版　　次：二〇二一年十月初版

ISBN: 978-962-08-7849-7
Originally published in the English language as
"*Why do I have to…Eat Healthy Food?*"
Franklin Watts
First published in Great Britain in 2021 by
The Watts Publishing Group

18/F, North Point Industrial Building, 499 King's Road, Hong Kong
Published in Hong Kong, China
Printed in China

目錄

為什麼我要這樣做？

人人都有各自不想做的事情。

我不想上學！

我不想洗澡！

我不想熨衣服……

那麼我們為什麼要做這些事情？

通常背後都有一個極好的原因，例如：

- 學校是學習和結交朋友的最佳地方。
- 洗澡是保持清潔的最好方法。
- 如果沒有人熨衣服的話，我們的衣服就會變得皺巴巴的。

這本書關於如何吃得健康，以及健康飲食的重要性。

你知道為什麼吃蔬菜比吃甜甜圈更健康嗎？你知道維生素和礦物質是什麼嗎？

當你讀到最後一頁，你就能告訴大家為什麼**健康飲食**這樣棒！

我想天天吃薄餅！

今天是阿武的生日。

他跟家人一起在家裏吃外賣的薄餅慶祝。

「我很愛吃薄餅！」阿武說。

第二天晚上，阿武看到桌上放着他害怕的食物——番茄沙律。

「為什麼今晚我們不吃薄餅？」他疑惑地問，「我不想吃沙律！」

「你不能天天都吃薄餅啊。」爸爸回答。

「為什麼不可以？」阿武哭着說。

試想想……

你認為阿武為什麼不能天天吃薄餅？

「偶爾吃一次薄餅是可以的。」爸爸說，「你的身體需要各種不同的食物，才能正常運作。如果你經常吃相同的食物，那就不健康了。」

阿武說:「噢，那麼如果我今天吃沙律，明天就可以吃薄餅嗎？」

爸爸笑了。「不行呢！」他眨眨眼睛說，「或許下星期吧。」

你知道嗎？

- 吃不同顏色的食物，是確保我們每天都能進食不同種類食物的好方法。
- 均衡飲食是指每餐都要有蛋白質（例如魚、肉或豆類）、碳水化合物（例如飯或麪）和蔬菜。我們每天都要進食這三類食物，比例是 3 份穀物類、2 份蔬菜和 1 份肉類。

我喜歡吃甜甜圈和薯片！

「我不想吃魚餅和青豆做晚餐啊。」艾麗斯說，「我想吃甜甜圈。」

祖父吃得津津有味，說：「這晚餐真的很美味。」

艾麗斯聳聳肩。「甜甜圈更美味呢。」她說，「我也很喜歡吃薯片。」

「你吃完晚餐後，就可以吃一個甜甜圈。」媽媽說。

試想想……
你認為媽媽為什麼不讓艾麗斯
在晚餐時吃甜甜圈和薯片？

媽媽解釋薯片很鹹，鹽分相當高，而甜甜圈則太甜，糖分也很高。「吃太多鹽分高或糖分高的食物對身體不好呢。」媽媽說。

「噢。」艾麗斯說，她用叉子吃了一顆青豆。

「而且薯片和甜甜圈還含有很多不健康的脂肪，進食過量也會對身體不好。」媽媽補充說。

艾麗斯叉了一塊魚餅來吃。「我喜歡打籃球，打籃球也會對身體不好嗎？」她說。

「不會的。」媽媽笑着說，「打籃球對身體有益呢。」

艾麗斯把碟上的食物都吃光後，便趕快到外面練習投籃了。

你知道嗎？

- 食物可以為身體提供能量，而卡路里是量度能量的單位。你需要從食物中吸取能量，才能維持生命和應付日常活動。
- 甜和油膩的食物比健康的食物含有更多卡路里，進食過量會致肥。

我不喜歡吃水果和蔬菜！

拉夫看着碗子一臉驚訝，說：「是南瓜湯！」

「猜對了！」爸爸說。

「但我們昨天已經吃過西蘭花、甜椒、紅蘿蔔湯麵！」拉夫說，「再前一天吃了三文魚、馬鈴薯和青豆。」

爸爸笑了。「有什麼問題嗎？」

「你知道我不喜歡吃蔬菜！」拉夫說。

爸爸微笑着說：「喝完湯後，還有水果沙律！」

「我也不喜歡吃水果啊！」拉夫激動地說。

試想想……

你認為拉夫每餐為什麼都有水果和蔬菜？

那天晚上，爸爸告訴拉夫一件很久以前有關水手的事情。那時候，水手因為長期在船上工作，幾個月都沒有吃新鮮的水果和蔬菜。

「好極了。」拉夫說。

「事實並非如此。」爸爸說，「水果和蔬菜含有維生素，有助保持身體健康。由於這些水手缺乏維生素 C，他們都患上可怕的壞血病。」

拉夫想了想。

「明天我都是吃些水果和蔬菜吧。」他說，「將來我可能會成為海盜呢。」

你知道嗎？

- 水果和蔬菜含有很多維生素和礦物質，能令身體保持健康。
- 水果和蔬菜還含有纖維，有助排便。

我想喝有汽飲料！

一個陽光普照的夏日，天氣炎熱，安姨姨帶潔思和她的朋友麗斯到沙灘玩耍。她們在沙灘堆起巨大的沙堡壘，又用貝殼來裝飾堡壘。

「我們很口渴啊……」潔思說。

安姨姨給她們每人一瓶飲料。

潔思喝了一大口，然後苦着臉，說：「好難喝啊，是白開水來的！」

「白開水沒有味道啊！」麗斯失望地說，「請問我們可以喝有汽飲料嗎？」

安姨姨搖搖頭，說：「白開水對你們更有益。」

試想想……

你認為喝白開水為什麼比有汽飲料更健康？

安姨姨解釋大部分有汽飲料都含有很多糖分。糖分只能提供短暫的能量，而且會導致蛀牙。

「白開水能讓身體正常地運作。」她説，「此外，白開水也能解渴。在炎熱的日子，你們要比平時喝更多水。」

「在炎熱的日子，我們也要多玩水。」潔思說。

安姨姨笑了。「沒錯啊！我們一起去玩吧！」她說。

你知道嗎？

- 五至八歲的兒童每天要喝一公升的水，即大約五杯水。
- 牛奶也是一種很好的飲料。牛奶含有鈣質，對牙齒和骨骼非常有益。

我不想吃肉！

晚餐前，保羅告訴爸爸他不想再吃任何肉類。

「噢！你肯定嗎？」爸爸有點驚訝地說。

保羅說：「是的，我仔細想過了，我決定做一個素食者。」

「今天的晚餐是肉醬意粉啊。」爸爸說。

保羅說：「請不用給我肉醬，我只吃意粉就行了。」

爸爸搖搖頭說：「這樣不太好呢。」

爸爸說意粉含有大量碳水化合物，能為保羅提供能量。肉醬含有很多蛋白質，能令身體強壯。而醬汁中的蔬菜能保持身體運作正常。

保羅需要吸收以上各種營養，才能保持健康。

「我們一起來製作素醬汁好嗎？」爸爸問。

「好啊！」保羅說。

「如果你不吃肉的話，便要吃其他種類的蛋白質來代替，例如芝士。當然，你仍需要吃蔬菜。」爸爸說。

那天晚上，保羅吃了芝士番茄醬意粉。

「很美味啊！」他說。

你知道嗎？

- 如果你是素食者，你需要進食含豐富蛋白質、鐵質、鈣質和維生素 B12 的食物。
- 豆類、牛奶和芝士都含有豐富的蛋白質。

我沒時間吃早餐！

媽媽告訴倩怡，早餐已經準備好了。

倩怡說：「對不起，我沒時間吃早餐。我趕着出門上學去，快要遲到了。」

「但這是你最喜歡的……」媽媽說。

倩怡很快地吃下雜菜紅椒炒蛋。

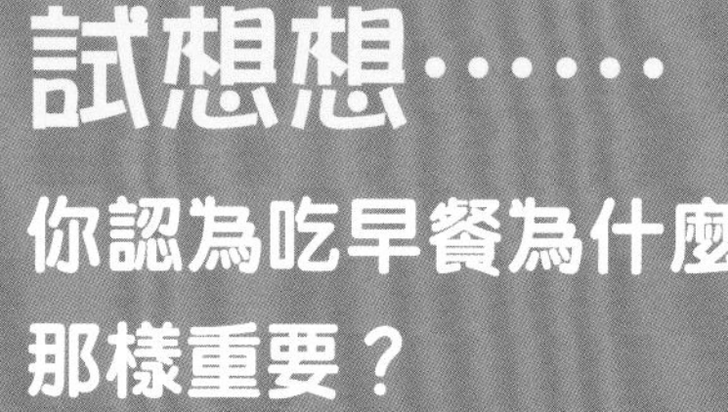

試想想……

你認為吃早餐為什麼那樣重要？

「你知道吃早餐是很重要的嗎？」媽媽問。

倩怡搖搖頭。

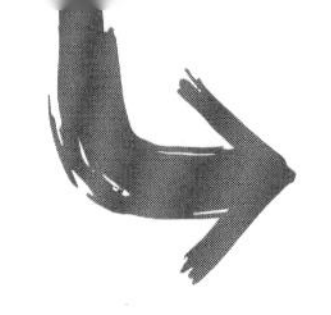

媽媽告訴倩怡晚上睡覺的時候，身體會消耗一些能量，而早餐能為她提供新一天所需的能量。

「真棒！」倩怡說，「今天早上我有體育課，需要很多能量呢！」

「吃早餐還可以幫助你在學校上課時集中精神。」媽媽說，「而且你整個上午都不會餓着肚子！」

「你還有一個重點忘記了。」倩怡笑着說，「早餐很美味呢！」

「那麼你明天早點起牀，預留多些時間吃這些美味的早餐吧！」媽媽笑着說。

你知道嗎？

- 穀類早餐含有很多維生素和礦物質，牛奶則含有豐富鈣質。
- 健康的早餐，例如粥、蛋或水果，令人每天早上都精力充沛。

健康飲食小貼士

健康食物小知識

- 水果和蔬菜含有豐富維生素和礦物質。
- 這些營養素能幫助身體癒合傷口，抵抗細菌的入侵。
- 牛奶、乳酪和芝士含有鈣質，能令骨骼和牙齒更強壯。
- 豆類和全麥麪包含有纖維，能幫助消化食物。
- 魚類含有蛋白質。高油脂的魚還含有奧米加 3 脂肪酸，能保持心臟健康。
- 肉類、蛋類、魚類、深綠色蔬菜和豆類均含有鐵質，能為身體提供能量。

如何吃得健康？

- 每天要喝五杯水（如果天氣炎熱要喝更多）。
- 謹記每天都要吃早餐。
- 盡量不要在每餐之間吃零食。
- 不要吃太多鹽分高或糖分高的食物。
- 如果碟子上的食物有很多不同的天然顏色，例如橙色的甘筍、綠色的西蘭花、紫色的紫椰菜，表示這些食物都對健康很有益。

更多資訊

延伸閱讀

《兒童健康生活繪本系列：我不挑食，營養均衡身體好！》
作者：麥曉帆
（新雅文化事業有限公司，2021 年出版）

《小跳豆幼兒生活體驗故事系列：我不偏食》
作者：辛亞
（新雅文化事業有限公司，2021 年出版）

《寶寶快樂成長系列：我不偏食》
作者：佩尼・塔索尼
（新雅文化事業有限公司，2020 年出版）

《什麼都不愛吃的皮皮》
作者：茱莉亞・賈曼
（新雅文化事業有限公司，2017 年出版）

相關網頁

衞生署衞生防護中心：健康飲食金字塔
https://www.chp.gov.hk/tc/static/90017.html

健康飲食在校園：至「營」小食站
https://school.eatsmart.gov.hk/b5/content_esas.aspx?id=6131

詞彙表

維生素 (vitamin)
能促進身體不同機能的物質。

礦物質 (mineral)
能調節身體多項功能的物質。

蛋白質 (protein)
保持身體強壯的營養素。

碳水化合物 (carbohydrate)
為身體提供高能量的營養素。

脂肪 (fat)
為身體提供能量的油膩營養素。

能量 (energy)
日常活動所需的力量。

卡路里 (calorie)
量度食物能量的單位。

壞血病 (scurvy)
人體缺乏維生素 C 會引起的疾病。

纖維 (fibre)
令排便暢順、保持身體健康的食物種類。

蛀牙 (tooth decay)
牙齒被細菌或其他物質侵蝕而變壞。

鈣質 (calcium)
對骨骼和牙齒有益的礦物質。

鐵質 (iron)
為身體提供能量的礦物質。